Amira Belkheir

"Quand l'univers m'inspire " " Wenn das Universum mich inspiriert "

Amira Belkheir

"Quand l'univers m'inspire " " Wenn das Universum mich inspiriert "

Éditions Muse

Imprint

Cover image: www.ingimage.com

Publisher:
Éditions Muse
is a trademark of
Dodo Books Indian Ocean Ltd., member of the OmniScriptum S.R.L Publishing group
str. A.Russo 15, of. 61, Chisinau-2068, Republic of Moldova Europe
Printed at: see last page
ISBN: 978-620-3-86652-0

Bilingue

Quand l'univers m'inspire

Wenn das Universum mich inspiriert

Un recueil

AMIRA BELKHEIR

Le résumé:

"Quand l'univers m'inspire " "Wenn das Universum mich inspiriert "

Est un recueil bilingue écrit en français et en allemand.

Il s'agit d'un assemblage de proses poétiques et un mélange singulier de thèmes différents inspirés de la nature.

L'auteure s'est s'immergée dans l'univers qui regorge d'éléments inspirants afin de rédiger plusieurs proses poétiques avec un langage imagé et métaphorique.

Die Zusammenfassung:

"Quand l'univers m'inspire " "Wenn das Universum mich inspiriert"

ist eine zweisprachige Sammlung in Französisch und Deutsch.

Es ist eine Zusammenstellung poetischer Prosa und einer einzigartigen Mischung verschiedener, von der Natur inspirierter Themen.

Die Autorin tauchte in ein Universum voller inspirierender Elemente ein, um mehrere poetische Prosa mit einer farbenfrohen und metaphorischen Sprache zu schreiben.

1- Un nouveau ruisseau

« On a assisté un rêve au moment de sa mort

Et un amour qui est entre la vie et la mort.

Oh ! la mort et ses ténèbres rendant tout funèbre.

Serait-il fini ? Cela pourrait être infini, et défini comme un tunnel éternel de la vie à la mort et de la mort à la vie, un tunnel de résurrection.

Un crépuscule d'aube après un crépuscule de nuit.

Un lever de soleil après un coucher de soleil

Un cercueil de mort pouvant être un berceau de naissance, une nouvelle puissance, une fin renaissante.

Tout peut être sujet au trépas, cela amène à s'avancer à grands pas.

Pour un renouveau, certaines choses devraient faire le grand saut,

Comme la glace qui fond en donnant naissance à un nouveau ruisseau."

En allemand

1- Ein neuer Strom

Wir haben einen Traum zum Zeitpunkt seines Todes erlebt

Und eine Liebe zwischen Leben und Tod.

Oh! der Tod und seine Dunkelheit machen alles beerdig.

Wäre es vorbei? Es könnte unendlich sein und als ewiger Tunnel vom Leben zum Tod und vom Tod zum Leben definiert werden, ein Tunnel der Auferstehung.

Morgendämmerung nach Nachtdämmerung.

Ein Sonnenaufgang nach einem Sonnenuntergang

Ein Sarg des Todes, der eine Wiege der Geburt sein kann, eine neue Macht, ein wiedergeborenes Ende.

Alles kann dem Tod unterworfen sein, was zu großen Fortschritten führt.

Für eine Erweckung sollten einige Dinge den Sprung wagen,

wie das Schmelzen des Eises, das einen neuen Strom gebiert.

2- L’astre du jour

« Regardons le soleil qui flamboie !

Regardons l'astre du jour qui chatoie !

Cette immense étoile produisant sa propre énergie afin de scintiller au ciel.

Nous sommes capables de briller par nous-mêmes et d'être des étoiles tissant nos propres toiles.

Pourquoi alors végéter dans la mollesse en attendant que le destin nous arrache à notre faiblesse ?

Sortons de votre inertie ! Agissons avec énergie !

Attrapons notre train ! Et retrouvons notre entrain.

!

Une chose est sûre : chaque personne est capable d'être reine et de prendre les rênes de son existence. »

En allemand :

2- Der Stern des Tages

Schauen wir uns die pralle Sonne an!

Schauen wir uns den Stern des Tages an, der schimmert!

Dieser riesige Stern produziert seine eigene Energie, um am Himmel zu funkeln.

Wir sind in der Lage, selbst zu glänzen und Sterne zu sein, die unsere eigenen Netze weben.

Warum dann in Weichheit dahinvegetieren, während wir darauf warten, dass das Schicksal uns aus unserer Schwäche reißt?

Lassen Sie uns aus Ihrer Trägheit herauskommen! Handeln wir mit Energie!

Lass uns unseren Zug erwischen! Und lass uns unsere Seele baumeln lassen.

Eines ist sicher: Jeder Mensch ist fähig, Königin zu sein und die Zügel seiner Existenz in die Hand zu nehmen.

3- Un rapace nocturne

"Encore une nuit qui tombe et qui est froide et sinistre comme une tombe.

Encore une nuit qui n'a rien de beau, sans lune sans flambeaux, attirant ceux qui veulent creuser nos tombeaux.

Elle n'est pas agréable ! elle attire les oiseaux de proie qui nous voient comme des captures vulnérables.

En pleine nuit, nous entendons le cri lugubre de l'oiseau d'Athéna, une chouette hulotte qui chuinte.

Un rapace nocturne aux grands yeux et au regard malicieux qui repère tout ce qui est fragile et tout ce qui se perd.

Tant de carnages commis nuitamment, que faire pour s'en préserver ? Prier instamment ?

Un tas de personnes se fourvoient dans une nuit de malheur. Elles perdent leurs repères, et elles se retrouvent sans repaires.

Tandis que d'autres, sont prudentes et elles construisent une carapace pour se protéger de tous ces rapaces en attendant qu'elles assistent au crépuscule de l'aube.

En allemand :

3- Ein nachtaktiver Greifvögel

Eine weitere Nacht, die hereinbricht und die kalt und unheimlich ist wie ein Grab.

Eine weitere Nacht, die nichts Schönes hat, ohne Mond ohne Sterne, die diejenigen anzieht, die unsere Gräber ausheben wollen.

Sie ist nicht angenehm! zieht es Greifvögel an, die uns als verletzliche Beute sehen.

Mitten in der Nacht hören wir den traurigen Schrei der Eule

, eine zischende Eule.

Ein nachtaktiver Greifvogel mit großen Augen und einem verschmitzten Blick, der alles Zerbrechliche und Verlorene entdeckt.

So viele Verbrechen werden über Nacht begangen, was kann man tun, um sie zu vermeiden? Beten Sie dringend?

Viele Menschen verirren sich in einer Nacht des Unglücks, verlieren die Orientierung und werden zum Aufenthaltsort von Kriminellen.

Während andere vorsichtig sind und eine Hülle bauen, um sich vor all diesen Raubvögeln zu schützen, während sie darauf warten, dass sie die Dämmerung der Morgendämmerung erleben

4- La fille du ciel

La fille du ciel "est gracieuse dont les vertus sont précieuses.

L'abeille possède l'art de convertir le nectar en aliment rare.

Je vois autour de moi ceux qui ont compris cette loi en confectionnant leur propre joie.

Il s'agit d'un bonheur d'une couleur, d'une douceur et d'une saveur exquises.

Même en étant enfermé dans une ruche, ils fabriquent tout ce qui est doux en triomphant de toutes les embûches.

Ils formeront tout simplement leur oasis d'ambroisie.

En allemand :

4-Die Imme

Die Imme ist anmutig, deren Tugenden kostbar sind.

Die Biene hat die Kunst, Nektar in seltenen Honig umzuwandeln.

Ich sehe um mich herum diejenigen, die dieses Gesetz verstanden haben, indem sie ihre eigene Freude machen.

Es ist ein Glück von exquisiter Farbe, Süße und Geschmack.

Auch wenn sie in einem Bienenstock eingesperrt sind, stellen sie alles Süße her und überwinden alle Fallstricke.

Sie werden einfach ihre Ambrosia im Leerlauf bilden.

5- Un agave brave

« Une jeune femme s'assit au coin de la cheminée et s'interrogea sur la vie et sa destinée.

"Pourquoi la vie devient subitement aride creusant dans son âme des rides ?".

Pourquoi la vie tend à transformer son esprit juvénile en esprit sénile ?

Pourquoi la vie a une sensibilité insensible ?

Tantôt, elle la gave de tout ce qui est suave,

Tantôt elle veut qu'elle soit tel un agave.

Un agave qui s'accoutume à une terre sèche.

La vie lui infligeait une punition pour lui offrir ensuite une compensation.

Elle comprit que la vie ne solde que les soldats solides qui supportaient les coups du sort. »

En allemand :

5- Eine mutige Agave

Eine junge Frau setzte sich an den Kamin und dachte über das Leben und sein Schicksal nach.

Warum wird das Leben plötzlich trocken und macht Falten in ihrer Seele?

Warum versucht das Leben, seinen jugendlichen Geist in einen senilen Geist zu verwandeln?

Warum hat das Leben eine unsensible Sensibilität?

Manchmal stopft sie sie mit allem süßen voll,

manchmal möchte sie, dass sie wie eine Agave ist.

Eine Agave, die sich an trockene Erde gewöhnt.

Das Leben bestrafte ihn und bot ihm dann eine Entschädigung an.

Sie verstand, dass das Leben nur für solide Soldaten zahlt, die die Schicksalsschläge ertragen haben.

6- L'ara macao

Un jour, il y avait un artiste de rue qui proposa à un vieux couple de le dessiner.

Le mari s'écria : Quelle coïncidence ! Aujourd'hui, nous fêtons nos cinquante ans de mariage, et votre dessin sera un doux souvenir de cette journée spéciale.

L'artiste s'émerveilla et répondit : Joyeux anniversaire de mariage ! C'est avec un immense plaisir que je célèbre avec vous cette journée en dessinant au crayon, les rayons de votre amour.

Il se mit à regarder le couple et jeter quelques coups de crayon souples.

Après quelques instants, le couple se trouvait inopinément devant un portrait dépeignant une paire de perroquets de l'ara macao, un couple d'oiseaux qui restent toute leur vie ensemble.

L'artiste acclama le couple chaudement et s'exclama : **Waouh ! Vous êtes un couple hors -pair symbolisant l'amour et la fidélité qui vont de pair."**

En allemand:

6- Ara-Papageien

Eines Tages gab es einen Straßenkünstler, der einem alten Ehepaar vorschlug, sie zu zeichnen.

Der Ehemann rief: Was für ein Zufall! Heute feiern wir unseren 50. Hochzeitstag und Ihre Zeichnung wird eine süße Erinnerung an diesen besonderen Tag sein.

Die Künstlerin staunte und antwortete: Alles Gute zum Hochzeitstag! Mit großer Freude feiere ich diesen Tag mit dir, indem ich mit Bleistift die Strahlen deiner Liebe zeichne.

Er würde anfangen, das Paar anzuschauen und ein paar weiche Bleistiftstriche hineinwerfen.

Nach wenigen Augenblicken fand sich das Paar unerwartet vor einem Porträt wieder, das ein Paar Ara-Papageien darstellte, ein Paar Vögel, die ihr ganzes Leben lang zusammenbleiben.

Der Künstler jubelte dem Paar herzlich zu und rief: Wow! Ihr seid ein außergewöhnliches Paar, das die Liebe und Loyalität symbolisiert, die Hand in Hand gehen."

7- Un lac rose

Un touriste se promenait au pays des Kangourous lorsqu'il aperçut un paysage si fascinant, si beau.

Il s'agit du lac Hillier, un lac d'eau naturellement rose.

Le touriste s'écria : Si seulement la vie était constamment rose tel ce lac rose ".

"La vie est parfois de couleur rose en ayant une bonne dose de bienveillance.

Elle fait la jolie et elle ne cesse pas de nous cajoler.

Une plénitude de bonheur, une quiétude qui ne dure qu'une heure avant qu'elle ôte son masque et porte celui du malheur ..." pensa-t-il.

En allemand :

7- **Ein rosa See**

Ein Tourist war in Australien unterwegs, als er eine so faszinierende, so schöne Landschaft sah.

Dies ist Lake Hillier, ein natürlich rosa Wassersee.

Der Tourist rief aus: wenn das Leben doch nur so beständig rosa wäre wie dieser rosa See".

"Das Leben ist manchmal rosig mit einer guten Portion Freundlichkeit.

Sie sieht hübsch aus und hört nie auf, uns zu verwöhnen.

Eine Fülle des Glücks, eine Stille, die nur eine Stunde andauert, bevor sie ihre Maske abnimmt und eine Maske des Unglücks trägt ...", dachte er.

8- Le sol

Une personne sans principes dont les mœurs sont cyniques est à l'image d'une forêt qui se déboise, dépourvue de ses arbres qui la pavoisent, souffrant de son sol frêle instable qui ne résiste plus à l'érosion.

Le sol se détériore sans les arbres tout comme le cœur qui s'avilit sans les bonnes mœurs.

C'est un cœur qui dégénère, un cœur pervers et désert.

Similairement aux arbres produisant l'oxygène, les vertus nous permettent de respirer la bonté et des journées sereines.

Sans les bonnes mœurs, le cœur halète, il s'asphyxie, il meurt.

En allemand :

8-Der Boden

Eine prinzipienlose Person, deren Moral zynisch ist, ist wie ein Wald, der sich selbst lichtet, ohne seine Bäume, die ihn zur Schau stellen, und leidet unter seinem schwachen, instabilen Boden, der der Erosion nicht mehr standhält.

Der Boden verfällt ohne Bäume genauso wie das Herz, das ohne Anstand verfällt.

Es ist ein degenerierendes Herz, ein perverses und verlassenes Herz.

Ähnlich wie Bäume, die Sauerstoff produzieren, ermöglichen uns Tugenden, gute und ruhige Tage zu atmen.

Ohne gute Moral keucht das Herz, es erstickt, es stirbt.

9- L'étoile du berger

"À chaque crépuscule du soir, il y a un enfant qui contemple le ciel pour apercevoir " l'étoile du soir ".

Il veut observer Venus qui luit et qui lui rappelle sa mère qui veillait sur lui.

Elle restait à son chevet et elle ne permet pas à la maladie de l'achever.

Il considère sa mère comme l'étoile du berger ;

La première étoile que l'on aperçoit au coucher du soleil et la dernière étoile visible au lever du soleil.

Tout comme " Venus «, sa mère est l'astre le plus scintillant de son ciel."

En allemand:

9- Venus

In jeder Abenddämmerung schaut ein Kind in den Himmel, um den „Abendstern“ zu sehen.

Er möchte Venus beobachten, die glänzt und ihn an seine Mutter erinnert, die über ihn gewacht hat.

Sie blieb an seiner Seite und lässt sich von der Krankheit nicht zu Fall bringen.

Er hält seine Mutter für Venus;

der erste Stern bei Sonnenuntergang und der letzte sichtbare Stern bei Sonnenaufgang.

Wie bei "Venus" ist ihre Mutter der funkelndste Stern an ihrem Himmel."

10- Le requin

C'était une tempête de vie violente, durant laquelle une fille traînait dans la rue avec une estime de soi sanglante.

Une estime de soi qui se faisait poignarder et qui saignait abondamment, attirant les prédateurs qui s'approchèrent d'elle hâtivement,

C’est ce qui engendra un duel cruel.

Après cette rude épreuve, elle se mettait à désinfecter son estime de soi blessée afin de tuer les germes, puis, la panser et souhaiter qu’elle se ferme.

Elle réalisa qu'à l'instar du requin, certains attaquants affamés ont le potentiel de détecter chaque plaie saignante et enflammée.

En allemand:

10- Der Hai

Es war ein heftiger Lebenssturm, bei dem ein Mädchen mit blutigem Selbstwertgefühl auf der Straße herumhing.

Ein Selbstwertgefühl, das durchbohrt wurde und stark blutete und Raubtiere anzog, die sich ihr hastig näherten,

Dies führte zu einem grausamen Duell.

Nach dieser harten Tortur würde sie ihr verletztes Selbstwertgefühl desinfizieren, um die Keime abzutöten, es dann verbinden und sich wünschen, es würde abschalten.

Sie erkannte, dass einige hungrige Angreifer wie der Hai das Potenzial haben, jede blutende und entzündete Wunde zu entdecken

11- " Le rocher de l'éléphant

Il y avait une fois, en Italie, un professeur de philosophie qui partit en randonnée avec ses élèves autour de la ville de **Castelsardo.**

Il voulait explorer un superbe coin nommé " Le rocher de l'éléphant" qui est une masse rocheuse sculptée naturellement en forme d'éléphant.

Le prof de la philosophie voulait inviter ses élèves à une réflexion en profondeur sur la vie.

Il leur adressa la parole, en disant :

La nature à l'habilité de créer de sublimes sculptures, tout comme la vie qui a la capacité de nous façonner pour devenir des personnes mûres.

Les gens sont sculptés par les rudes épreuves de la vie qui les dressent sans cesse.

En vérité, les expériences pénibles de la vie ne cherchent pas à nous tromper, mais plutôt à nous tremper.

La vie est avisée, elle ne compte pas guérir notre malheur mais plutôt nous aguerrir à la douleur

En allemand:

11- Elephant Rock

Es war einmal ein Philosophielehrer in Italien, der mit seinen Schülern eine Wanderung durch die Stadt Castelsardo unternahm.

Er wollte eine wunderschöne Ecke namens**"Elephant Rock**" erkunden, eine Felsmasse, die von Natur aus in die Form eines Elefanten geschnitzt wurde.

Der Philosophieprofessor wollte seine Studenten zu einer vertieften Reflexion über das Leben einladen.

Er sprach zu ihnen und sagte:

Die Natur hat die Fähigkeit, erhabene Skulpturen zu schaffen, genau wie das Leben, das uns zu Wänden und großartigen Skulpturen formt.

Menschen werden durch die harten Prüfungen des Lebens geformt, die sie erhebend halten.

Die schmerzlichen Erfahrungen des Lebens wollen uns nicht täuschen, sondern uns stärken.

Das Leben ist klar, es will unser Unglück nicht heilen, sondern uns verhärten.

12- La mer

Un jour, il y avait une piteuse vielle femme, courbée qui marchait pesamment le long d'une plage.

Elle s'arrêta un moment pour scruter longuement la mer.

"Ô mer ! Face à toi, je suis en quête de quiétude, je veux me baigner dans ton eau et suffoquer mes inquiétudes, pour qu'elles meurent et surnagent telle une dépouille flottant à la surface de l'eau. » chuchota-t-elle.

12- Das Meer

Eines Tages ging eine erbärmliche, bucklige Frau schwerfällig am Strand entlang.

Sie hielt einen Moment inne, um das Meer lange zu untersuchen.

"O Meer! Vor dir suche ich Frieden, ich will in deinem Wasser baden und meine Sorgen ersticken, damit sie sterben und wie ein auf der Wasseroberfläche treibender Körper treiben."

Sie flüsterte.

13- Un poisson-pierre

Un petit poisson décida de faire un tour en pensant que les alentours étaient pacifiques.

Il nagea en étant paisible car il n'y avait que quelques rochers visibles et qui ne constituaient pas un danger possible.

Une tranquillité qui n'était qu'une chimère car le pauvre poisson fût assailli par un poisson-pierre.

Un poisson -pierre qui se camouflait parmi les roches en ayant l'air de faire partie du décor afin de duper le petit poisson, l'attaquer et causer sa mort.

Hélas ! Combien de trompe-l'œil ont mis des cœurs en deuil !

Et combien d'apparences se sont avérées fielleuses et venimeuses !

En allemand:

13- Ein Steinfisch

Ein kleiner Fisch beschloss, einen Spaziergang zu machen, da er dachte, die Umgebung sei friedlich.

Er schwamm friedlich, weil nur wenige Felsen zu sehen waren und die keine mögliche Gefahr darstellten.

Eine Ruhe, die nur eine Chimäre war, weil der arme Fisch von einem Steinfisch angegriffen wurde.

Ein Steinfisch, der sich zwischen den Felsen tarnt, indem er als Teil der Szenerie erscheint, um den kleinen Fisch zu täuschen, ihn anzugreifen und seinen Tod zu verursachen.

Ach! Wie viele Fallen haben Herzen geworfen!

Und wie viele Erscheinungen erwiesen sich als giftig und giftig!

14- Le colibri

Au Canada, il y avait un touriste qui surveilla un colibri qui l'émerveilla.

Il trouve le colibri exceptionnel, un oiseau inhabituel qui peut voler dans n'importe quelle direction.

Il est apte à voler à reculons et ses battements ne sont pas du tout lents ; il peut effectuer 100 battements d'ailes par seconde.

Il est l'oiseau le plus petit au monde mais cela ne l'a pas empêché d'être l'oiseau unique au monde.

"Personne n'est petit pour de faire de véritables prouesses,

Et personne n'est petit pour réussir par son adresse"

S'écria le touriste.

En allemand :

14- Der Kolibri

In Kanada gab es einen Touristen, der einen Kolibri beobachtete, was ihn verblüffte.

„Er findet den Kolibri außergewöhnlich, einen ungewöhnlichen Vogel, der in jede Richtung fliegen kann.

Er kann rückwärts fliegen und seine Schläge sind überhaupt nicht langsam; es kann 100 Flügelschläge pro Sekunde ausführen.

Er ist der kleinste Vogel der Welt, aber das hat ihn nicht davon abgehalten, der einzigartigste Vogel der Welt zu sein.

"Niemand ist klein, um wahre Kunststücke zu vollbringen,

Und niemand ist klein, um durch sein Können erfolgreich zu sein."

rief der Tourist.

15- La pluie

Un vieillard insomniaque avait hâte que l'hiver vienne afin d'écouter le bruissement de la pluie diluvienne.

C'est son remède souverain contre son insomnie acharnée et obstinée.

Il voulait que la belle pluie ait affronté son insomnie rebelle.

Car il savait que la pluie a un langage cordial qui finit par charmer son insomnie inamicale.

N'importe quelle insomnie capitule et cède au rythme berceur et au pouvoir séducteur de la pluie.

En allemand :

15-Der Regen

Ein alter Mann mit Schlaflosigkeit sehnte sich nach dem Winter, um dem Rauschen des sintflutartigen Regens zu lauschen.

Es ist sein souveränes Heilmittel gegen seine unerbittliche und hartnäckige Schlaflosigkeit.

Er wollte, dass der schöne Regen seiner rebellischen Schlaflosigkeit standhält.

Denn er wusste, dass der Regen eine herzliche Sprache hat, die seine unfreundliche Schlaflosigkeit bezaubert.

Jede Schlaflosigkeit kapituliert und weicht dem Schlaflied und der verführerischen Kraft des Regens.

16- Les oiseaux migrateurs

Quand L'hiver âpre envahit notre vie, certaines personnes se meuvent, elles s’écartent, elles s’éclipsent.

Elles nous laissent affronter seuls la froidure et les temps durs.

Mais quand nos roses éclosent aux printemps et notre vie régénère, on observe ces personnes comme des oiseaux planant dans l'air.

Elles reviennent telles des hirondelles, c'est la belle saison qui les appelle.

On déduit que certaines personnes sont comme des oiseaux migrateurs.

Elles s'éloignent de nous durant le mauvais temps et elles reviendront à l'arrivée du printemps.

En allemand :

16-Die Zugvögel

Wenn der strenge Winter in unser Leben eindringt, ziehen manche Menschen um, sie ziehen weg, sie gleiten ab.

Sie lassen uns die kalten und harten Zeiten in Ruhe.

Aber wenn im Frühling unsere Rosen blühen und sich unser Leben regeneriert, sehen wir diese Menschen in der Luft schweben.

Sie kommen zurück wie Schwalben, es ist die schöne Jahreszeit, die sie ruft.

Wir folgern, dass manche Menschen wie Zugvögel sind.

Bei schlechtem Wetter entfernen sie sich von uns und kommen bei schönem Wetter wieder.

17- Le Rossignol

Il y avait une fois, un homme très éprouvé qui écouta durant une nuit, la voix mélodieuse et harmonieuse d'un rossignol.

Un rossignol qui fignolait son chant toute la nuit. Il s'agit d'une mélodie d'une grande délicatesse, et fredonnée sans cesse.

C'est comme si l'espoir qui chantait avec une voix pure pour tenir compagnie à cet homme durant cette nuit obscure.

Ce dernier ressentait pleinement la sérénité en l'écoutant,

Et Il comprit qu'il voulait lui annoncer l'arrivée du printemps.

En allemand :

17- **Die Nachtigall**

Es war einmal ein sehr bewährter Mann, der eines Nachts der melodiösen und harmonischen Stimme einer Nachtigall lauschte.

Eine Nachtigall, die die ganze Nacht an ihrem Gesang feilte, eine Melodie von großer Zartheit, die ständig summte.

Es ist, als würde die Hoffnung mit reiner Stimme singen, um den Menschen in dieser dunklen Nacht Gesellschaft zu leisten.

Er fühlte die Fröhlichkeit und Gelassenheit voll und ganz, während er ihr zuhörte,

Und Er verstand, dass er ihr die Ankunft des Frühlings verkünden wollte

18- Les tempêtes extérieures

C'est une femme de caractère qui est souvent en butte à des critiques acerbes et une colère qui s'exacerbe.

Elle est belle et rebelle mais les gens attisent le feu de rancune autour d'elle.

Toutes les tempêtes d'injures se conjurent contre son cœur pur.

Malgré tout, elle se met face à elles et s'écrie :

"**Allez -y ! Mugissez et rugissez !**

Je ne suis pas vexée par vos éclats de risée, car mon esprit est bel et bien sécurisé.

Vous ne pouvez pas rentrer chez moi ni troubler mon moi.

Car quand on sème la paix à l'intérieur, on se protège des tourmentes de l'extérieur."

En allemand:

18- draußen Stürme

Sie ist eine Frau mit Charakter, die unter scharfer Kritik und zunehmender Wut steht.

Sie ist schön und rebellisch, aber die Leute schüren das Feuer des Grolls um sie herum.

Alle Stürme von Beleidigungen vereinigen sich gegen sein reines Herz.

Trotz allem stellt sie sich ihnen und ruft:

„Los! Heulen und schreien!

Ich bin durch Ihren Spott nicht beleidigt, denn mein Geist ist sehr sicher.

Du kannst nicht nach Hause gehen oder meinen Verstand verwirren.

Denn wenn wir im Inneren Frieden säen, schützen wir uns vor den Turbulenzen draußen.“

19- Étoile filante

Une jeune femme regardait le ciel en admirant une étoile filante qui semblait être irréelle.

Une étoile d'une beauté céleste qui parcourait un ciel obscur et funeste.

Elle scintilla merveilleusement avant qu'elle se soit éclipsée rapidement.

"**Cette étoile filante ressemble à une personne rayonnante qui n'était qu'un bref passage sur ma vie.**" pensa -t-elle.

En allemand:

19- **Eine Sternschnuppe**

Eine junge Frau starrte in den Himmel und bewunderte eine Sternschnuppe, die unwirklich schien.

Ein Stern von himmlischer Schönheit, der einen dunklen und traurigen Himmel durchstreifte.

Sie funkelte wunderbar, bevor sie schnell wegglitt

"Diese Sternschnuppe sieht aus wie eine strahlende Person, die nur eine kurze Passage in meinem Leben war." Sie dachte.

20-Le papillon de nuit

"La flamme attire le papillon et le papillon s'y brûle." proverbe latin.

Il y avait une fois un papillon de nuit qui s'efforça à faire tête aux ténèbres qui l'entouraient. Il était en quête d'une lumière lunaire qui éclaira son itinéraire.

Subitement, il aperçut au loin une lumière et il la prit pour guide en pensant que ce dernier est éclairé et lucide.

Mais apparemment, il s'agit d'une lumière d'un feu qui finit par le brûler.

Le papillon de nuit comprit trop tard qu'il faut douter de certains guides tentant nous dérouter.

En allemand:

20-Die Motte

"Die Flamme zieht den Schmetterling an und der Schmetterling verbrennt sich darin." Lateinisches Sprichwort.

Es war einmal eine Motte, die versuchte, der Dunkelheit um sie herum zu widerstehen und nach einem Mondlicht zu suchen, das ihren Weg erhellte.

Plötzlich sah er in der Ferne ein Licht und nahm es als Wegweiser, da er dachte, dass Letzteres erleuchtet und klar war.

Aber anscheinend ist es ein Licht aus einem Feuer, das es schließlich verbrennt.

Die Motte hat zu spät verstanden, dass wir an bestimmten Führern zweifeln müssen, die uns verwirren wollen.

Printed by Books on Demand GmbH, Norderstedt / Germany